BEI GRIN MACHT SICH IHR
WISSEN BEZAHLT

- Wir veröffentlichen Ihre Hausarbeit,
  Bachelor- und Masterarbeit

- Ihr eigenes eBook und Buch -
  weltweit in allen wichtigen Shops

- Verdienen Sie an jedem Verkauf

Jetzt bei www.GRIN.com hochladen
und kostenlos publizieren

Nicole Löcse

Küstenformen mit Beispielen in Deutschland

GRIN Verlag

Bibliografische Information der Deutschen Nationalbibliothek:

Die Deutsche Bibliothek verzeichnet diese Publikation in der Deutschen National-
bibliografie; detaillierte bibliografische Daten sind im Internet über http://dnb.d-
nb.de/ abrufbar.

Impressum:

Copyright © 2003 GRIN Verlag GmbH
Druck und Bindung: Books on Demand GmbH, Norderstedt Germany
ISBN: 978-3-640-86716-5

Dieses Buch bei GRIN:

http://www.grin.com/de/e-book/108052/kuestenformen-mit-beispielen-in-
deutschland

LMU München

Geographisches Institut

**Seminararbeit im Rahmen des Proseminars:
Geomorphologie**

Küstenformen

Nicole Löcse
Wirtschaftsgeographie
2. FS

München, den 22.06.2003

Gliederung

1. Einleitung

2. Ingressionsküsten
2.1 Glazial geprägte Ingressionsküsten
2.1.1 Fjordküste
2.1.2 Fjärdenküste
2.1.3 Fördenküste
2.1.4 Boddenküste
2.2 Fluvial geprägte Ingressionsküsten
2.2.1 Riasküste
2.2.2 Canaliküste
2.2.3 Ästuar

3. Formen der vorgerückten Küste
3.1 Wattenküste
3.2 Mangrovenküste
3.3 Korallenriff
3.4 Saumriff, Wallriff, Atoll
3.5 Ausgleichsküste
3.6 Haken und Nehrung
3.7 Deltaküste

4. Abtragungsküsten
4.1 Kliffküste

5. Literaturverzeichnis

6. Abbildungsnachweis

1. Einleitung

Das Thema meiner Seminararbeit lautet Küstenformen mit Beispielen in Deutschland. Die Gliederung der Küstenformen hat sich dabei für mich als die größte Herausforderung dargestellt. Zum einen gibt es nur die Küstenklassifikation nach Valentin, die aber heute nicht mehr ganz aktuell ist. Zum anderen gibt es eine Vielzahl verschiedener Küstenformen. Ich habe die Küstenformen nach Ingressionsküste, Küsten die aufgrund des Anstiegs des Meeresspiegels entstanden sind oder durch Epirogenese, und vorgerückten Küsten gegliedert. Eine weitere Küstenform ist die Abtragungsküste. Dabei habe ich mich auf die wesentlichen und bekanntesten Untertypen der einzelnen Formen beschränkt.

2. Ingressionsküsten

2.1 Glazial geprägte Ingressionsküsten

2.1.1 Fjordküste

Fjorde sind durch eine linienhafte Glazialerosion entstanden. Der Gletscher formte während der Eiszeit Flusstäler zu Trogtälern um , die nach Abschmelzen des Gletschers überfluteten. Es entstanden Meeresarme, die weit ins Landesinnere hineinreichen und von steilen Felswänden umgeben sind. Fjorde können bis zu 2000m unter den Meeresspiegel reichen, wobei sich im Längsprofil zeigt, dass sie an ihren Ausgängen meist recht flach sind.

Abl. 1 Aurland Fjord Das liegt daran, dass die Gletscherzunge an diesem Punkt zu schwimmen begann, sich seitlich weiter ausbreiten konnte und deshalb auch weniger in die Tiefe erodierte. Beispiele für Fjorde kann man in Skandinavien, Grönland, Kanada und Süd-Chile finden.

Im Außenbereich der Fjorde befinden sich häufig durch den Gletscher abgeschliffene Felsbuckel, die nur teilweise aus dem Wasser ragen. Sie werden Schären genannt. Valentin bezeichnet diese Küstenform als Fjord-Schärenküste. (vgl. Ahnert, F. 1996)

2.1.2 Fjärdenküste

Die Entstehung der Fjärde ist ähnlich der der Fjorde. Der Unterschied besteht in einer flächenhaften Glazialerosion. Deshalb ist das Relief der Fjärdenküste wesentlich geringer und die glazialen Ausschürfungen von Rinnen sind sehr viel flacher. Durch den Meeres-anstieg haben sie sich in breitere Buchten mit flacheren Felsküsten verwandelt. Auch an Fjärdenküsten befinden sich oft Schären. Fjärd-Schärenküsten findet man in Mittelschweden und Finnland, aber auch in Nord-amerika an der Küste des Bundesstaates Maine. Abl. 2 Schärenküste bei Västervik
(vgl. Ahnert, F. 1996)

2.1.3 Fördenküsten

Förde sind langgestreckte Meeresbuchten, die durch Abschürfung einer Gletscherzunge entstanden sind. Am Ende der Förde sind hohe Moränenwälle aus der letzten Eiszeit. Nach der Eiszeit wurden diese Rinnen oder Wannen aufgrund des ansteigenden Meeresspiegels überflutet und später durch Sandverdriftung wieder verengt. Die Förde ist glazial akkumulativ linienhaft geprägt.(vgl. Kelletat, D. 1999) Bekannte Förden an der Ostseeküste sind Flensburger Förde, die Schlei, die Kieler Förde und die Eckenförder Bucht.

Abl. 3 Fördenküste Ostsee

2.1.4 Boddenküste

Bodden sind breite und flache Meeresbuchten, die durch die Überflutung von Gletscherzungenbecken, bzw. tiefer liegende Grundmoränen entstanden sind. Bodden haben einen unregelmäßig gekrümmten Umriss. An der Küste von Mecklenburg-Vorpommern gibt es mehrere Bodden.

Der Saaler Bodden und der Jasmunder Bodden sind durch Nehrungen, langgestreckte Landzungen, die eine Meeresbucht ganz oder teilweise abschließen, von der offenen Ostsee abgetrennt. (vgl. Liedtke, H. / Marcinek, J. 2002) Abl. 4 Bodden Ostsee

2.2 Fluvial geprägte Ingressionsküsten

2.2.1 Riasküste

Rias sind Meeresbuchten, die aus einem Flusstal hervorgegangen sind und später durch den Anstieg des Meeresspiegels unter Wasser gesetzt wurden. Viele dieser einzelnen Buchten bilden eine Riasküste. Diese Küste ist stark gegliedert von länglichen, parallelen und meist gestreckten Buchten. Die Riasküste darf nicht verwechselt werden mit der Fjordküste, die optisch ähnlich, aber glazial geprägt ist. Riasküsten finden sich in Irland, in der Bretagne, auf Korsika und in Ostbrasilien. (vgl. DIERCKE-Wörterbuch Allgemeine Geographie 2001) Abl. 5 Riasküste Korsika

5

2.2.2 Canaliküste

Als Canaliküste wird eine durch Ingression überflutete Felssteinküste bezeichnet.
Küstenparallel liegt ein Faltengebirge, dessen Flusstäler entweder durch den eustatischen
Meeresanstieg oder durch ein tektonisches Absinken des Faltengebirges überflutet wurden.
Canaliküste ist eine Regionalbezeichnung aus Dalmatien.

2.2.3 Ästuar

Ästuare sind Flussmündungen in Gebieten mit ausgeprägtem Tidenhub und einer starken
Gezeitenströmung. Bei Flut strömt das Wasser auf der linken Seite in den Fluss und bei Ebbe
auf der rechten Seite wieder ab. Dadurch erweitert sich die Flussmündung trichterförmig.
Voraussetzung für die Entstehung ist, dass Ebbe und Flut mehr Material abtragen, als
abgelagert wird. Durch die Mischung von Süß- und Salzwasser entsteht das sogenannte
Brackwasser. An der Nordsee befinden sich mehrere Ästuare, z.b. Elbeästuar und
Weserästuar. (vgl. Ahnert, F. 1996)

3. Formen der vorgerückten Küste
3.1 Wattenküste

Das Watt ist ein Gebiet an flachen Gezeitenküsten, das mit den Gezeiten (Ebbe und Flut)
zweimal täglich überflutet wird und wieder trockenfällt. Das Watt der Nordsee gilt als der
Prototyp des Watts. Es bildete sich nach der Eiszeit und ist ein 10-20m mächtiger
Sedimentkörper. Dieser Sedimentkörper besteht aus Sand- und Schlickablagerungen in
unterschiedlicher Mischung. Im Nordseebereich wird zwischen verschiedenen Formen
unterschieden. Rückseitenwatten liegen hinter Düneninseln. Offene Watten sind seewärts nur
von einer Sandbarre vor der Wellenerosion geschützt. Tief, Gatt und Balje sind Rinnen, durch
welche die Flut in das Watt hineinströmt . Diese Rinnen verästeln sich weiter zu sogenannten
Prielen, Zu- und Abflussrinnen, durch die die Flut auch die höher gelegenen Wattflächen
flutet. (vgl. Ahnert, F. 1996) An der Nordsee befinden sich das Watt von Jade bis Eider, mit
einer Breite von 10-15 km, das ostfriesische Watt, 5-7 km breit und das nordfriesische Watt,
Abl. 6 Prielen im Watt 15-20 km breit.

3.2 Mangrovenküste

Mangrovenküsten sind tropische Wattküsten. Bei Mangroven handelt es sich um tropische Küstengehölze, die in Buchten oder Lagunen in der Gezeitenzone besonders gut gedeihen. Durch ihre Stelzwurzeln bremsen sie die Gezeitenströme und sind damit sehr wirksame Schlickfänger. Mangroven sind nicht die Ursache der Wattbildung, beschleunigen aber diesen Prozess. Neugebildete Watten werden schnell von Abl. 7 Mangroven Mangroven bewachsen. Mangrovenküsten finden sich überall in den Tropen. (vgl. Kelletat, D. 1999)

3.3 Korallenriff

Ein Korallenriff besteht aus Korallenskeletten, die nahe an den Meeresspiegel heranreichen oder sogar darüber hinaus. Korallen sind Polypen, die am Meeresboden festsitzen, Calciumcarbonat aufnehmen und dieses als Kalkskelett wieder ausscheiden. Beim Bau eines Korallenriffs sind auch Kalkalgen beteiligt. Zum Leben brauchen Korallen ganz bestimmte Umweltbedingungen, welche die Verbreitung von Korallenriffs erklären. Die Wassertemperatur sollte mindestens 20° C betragen, der Salzgehalt des Wassers zwischen 2.7 und 4 % liegen, möglichst nähr- und sauerstoffreiches Wasser und eine geringe Sedimentfracht haben, da sonst die Korallen ersticken. Außerdem darf die Wassertiefe nicht über 27 m liegen, da ansonsten die Kalkalgen keine Photosynthese durchführen können. Die jährliche Zuwachsrate liegt bei 1cm. Aufgrund dieser Bedingungen beschränkt sich die Entstehung von Korallenriffs auf das Gebiet zwischen 32°N und 32°S. Die Inseln und Küsten im Pazifischen Ozean , des tropischen indischen Ozeans und die Küste des Roten Meeres sind Gebiete in denen Korallenriffe vorkommen. Unterschieden werden drei Haupttypen, Saumriff, Wallriff und Atoll. (vgl. Ahnert, F. 1996) Abl. 8 Korallen

3.4 Saumriff, Wallriff und Atoll

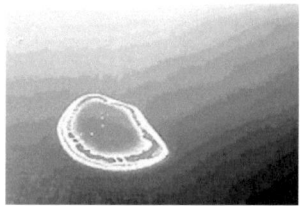

Das Saumriff ist die am meisten verbreitete Riffart und befindet sich unmittelbar neben der Küste. Das Gefälle des Meeresbodens ist ein wichtiger Faktor für die Ausdehnung des Riffs. Die Breite eines Saumriffs kann bis zu 100m betragen. Aus dem Saumriff entwickelt sich ein Wallriff, wenn es sich um eine Vulkaninsel handelt. Beim Absinken der Insel oder bei Ansteigen des Meeresspiegels entfernt sich das Ufer weiter vom Riff und es entsteht ein Wallriff, mit einer geschützten Flachwasserzone zwischen Riff und Ufer. Sinkt die Insel bis unter den Meeresspiegel ab, bleibt ein ringförmiges Riff, das eine Lagune einschließt, zurück. Manchmal befindet sich in der Lagune eine Koralleninsel. Diese Struktur wird als Atoll bezeichnet. Kleinere Atolle sind manchmal komplett geschlossen. (vgl. Kelletat, D. 1999) Abl. 9 Atoll

3.5 Ausgleichsküste

Nach dem postglazialen Meeresanstieg waren die meisten Küsten aufgrund von glazialen oder fluvialen Prozessen buchtförmig. Die Wellen veränderten im flachen Wasser ihre Richtung und die Vorsprünge der Bucht wurden durch Abrasion abgetragen. Das abgetragene Material sammelte sich in den Buchten , wo es abgetragen wurde und einen Strand bildet. Dieser Prozess wirkt heute noch an vielen Buchten. Kommt es zu einer Begradigung der Küstenlinie, wird von einer Ausgleichsküste gesprochen.

3.6 Nehrung und Haken

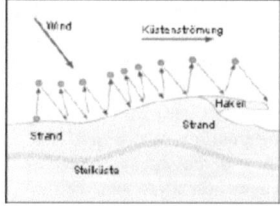

Die Begradigung einer Küste kann auch durch eine Nehrung entstehen. Laufen die Wellen schräg auf den Sand auf, gemäß der Windrichtung, werden die Sandkörner mit jedem Wellenschlag ein Stück weiter transportiert. Die Sandkörner fließen senkrecht ab, dem kürzesten Weg folgend. Durch diese Sandverdriftung werden Unregelmäßigkeiten an der Küste ausgeglichen. Durch küstenparallele Strömungen setzt sich der Abl. 10 Hakenentstehung Sand an Buchten oder Küstenvorsprüngen ab. Es entsteht ein Haken. Erreicht dieser Haken das gegenüberliegende Ufer einer Bucht entsteht eine Nehrung mit einer Lagune. An der Ostseeküste wird diese Lagune als Haff bezeichnet. Berühmtes Beispiel dafür ist die Kurische Nehrung mit dem kurischen Haff an der polnischen Ostseeküste. (vgl. Ahnert, F. 1996)

3.7 Deltaküste

Das Delta ist eine fluviale Ablagerung vor einer Flussmündung in das Meer. Wichtig für das Deltawachstum sind eine geschützte Küstenlage mit Pflanzen als Sedimentfänger, geringe Wellenwirkung und Gezeitenströmung und eine kontinuierliche Anlieferung von Sedimenten. Es gibt viele verschiedene Deltaformen. Beispiel für ein Delta an der Ostseeküste ist das Oderdelta an der polnischen Ostsee. (vgl. DIERCKE-Wörterbuch Allgemeine Geographie 2001)

4. Abtragungsküste

4.1 Kliffküste

Durch Abrasion und Denudation entsteht an Steilküsten ein Kliff. Wellen laufen gegen das Steilufer an und bilden eine Abrasionsplattform, die von Brandungshohlkehlen untergraben sein kann. Wie weit sich das Kliff zurückzieht, ist von mehreren Faktoren abhängig, z.B. von der Höhe des Kliffs, der Stärke der Brandung und der Widerstandsfähigkeit des Gesteins.

Der überhängende Fels bricht aufgrund seines Gewichts immer weiter ab und die Küste weicht weiter zurück. Abl. 11 Kliff, Kreideküste Jasmund Diese Kliffs werden als aktive Kliffs bezeichnet. Ist das Kliff soweit zurück gewichen, dass nur noch hohe Flutwellen es erreichen können , sich eine Vegetationsdecke bildet und es nicht weiter zurück wandert, spricht man von einem toten Kliff. (vgl. Ahnert, F. 1996)Ein Beispiel dafür sind die Kreidefelsen (Königsstuhl) an der Ostsee.

Weitere Formen durch Abtragung sind Brandungsgassen. Wenn im anstehenden Gestein die Klüfte dicht beieinander auftreten, ist es für die Brandung leichter an diesen Stellen Gesteinsblöcke herauszutrennen. Wenn eine Brandungsgasse einen vorstehenden Teil vom Kliff abtrennt, entsteht ein frei stehender Brandungspfeiler. Der berühmteste Brandungspfeiler in Deutschland befindet sich auf Helgoland und heißt die „Lange Anna". Allerdings ist er aus einem Brandungstor entstanden. Vor 138 Jahren stürzte dieser Bogen ein und hinterließ den Brandungspfeiler mit einer Höhe von 47m. (vgl. Heitmann, B. 1998)
Abl.12 Lange Anna Helgoland

5. Literaturverzeichnis

* Ahnert, F.(1996): Einführung in die Geomorphologie. Verlag Eugen Ulmer. Stuttgart
* Kelletat, D.(1999): Physische Geographie der Meere und Küsten. B. G. Teubner Verlag. Leipzig
* Leser, H.(2001): DIERCKE-Wörterbuch Allgemeine Geographie. Deutscher Taschenbuch Verlag und Westermann Schulbuchverlag. München, Braunschweig
* Liedtke, H. / Marcinek, J.(2002): Physische Geographie Deutschlands. Justus Perthes Verlag. Gotha

Publikationen im Internet

* Heitmann, B.(1998): Die „Lange Anna" kommt in die Jahre. BIO-AG aktuell
url: http://members.aol.com/hbbioag/oct98s8.htm

6. Abbildungsnachweis

* Abl.1 http://home.no.net/lotsberg/data/norway/laerdal/tunnel.html
* Abl.2 http://www.g-o.de/kap11/6aka0002.htm
* Abl.3 http://www.hvitfeldt.educ.goteborg.se/geoeco/gruppe4/fjord.html
* Abl.4 http://www.von-schmude.de/ostsee/ostsee-ferienhaus-auswahl.htm
* Abl.5 http://geoww.uibk.ac.at/korsika/geologie/fotos.html
* Abl.6 http://www.boelling.de/nordstrand/bilder/watt14.html
* Abl.7 http://www.thinkshrimp.de/frauen2.htm
* Abl.8 http://www.meeresmuseum.de/wettbewerb/deutsch/fotos/koralle_1.htm
* Abl.9 http://www.tahiti-blackpearls.com/discovery/oysters.html
* Abl.10 Quelle: Seydlitz Geographie 2 - Schroedel Verlag GmbH 1994, S. 33
* Abl.11 http://www.lung.mv-regierung.de/umwelt/geologie/marine.htm
* Abl.12 http://www.badmintonfotos.com/04070021_K_Lange_Anna_auf_Helgoland.jpg